Grilles 1

3	2	1	4		6
6	4		3	1	
	5		6		
2	1		5	4	
	6		2	3	
5	3	2	1	6	4

Grilles 2

6	4	2	5		3
		3	4	2	6
5	2	4	3		
3	1	6			4
2	3	1	6		
4	6	5		3	2

Grilles 3

4		6	1	2	3
2		3	4		
	4	5	3	1	
1		2		4	5
3	2		5	6	4
5	6			3	1

Grilles 4

6	2			1	3
	5				
4			1	5	6
5	6	1	3	4	
2	1	6		3	5
	4	5	2	6	1

Grilles 5

			6	2	3
	3		1	5	
5	6		3	1	
1	2	3	4	6	5
	1	5	2	4	6
2	4		5	3	1

Grilles 6

4	1	2		3	5
5	6			2	4
	2	1	4	5	3
3	5	4	2	1	6
2	4				
		6	5		2

Grilles 7

6	3	4	5	1	2
1	5		6	4	3
	4	1	2	6	5
2		5		3	
4	2	6	3		1
5				2	6

Grilles 8

5		4	1	3	6
6	3	1	2	5	
1	6	5		2	3
3				1	5
	5		3	4	1
	1		5	6	2

Grilles 9

	1	2		6	3
4		3	1	5	
2	4	1	5	3	
	3		2	1	4
1	2	6	3	4	
3	5	4			1

Grilles 10

3		2	6		4
	5	4	2	1	
5	4	1	3	6	2
	6	3		4	1
1		5	4	2	6
	2	6			5

Grilles 11

	6	4	2	3	1
1	2	3	4		
	1	5	6	2	
2		6	3	1	5
6				4	2
		2	1	6	3

Grilles 12

2	3	6		4	5
1	4	5		2	
5	2	1			4
3			5		2
	5	3	2	6	1
		2	4	5	3

Grilles 13

5	4		6	3	
3	1	6	5	4	2
6	3	5	1		
4	2	1	3		
	6	3	4	1	
1			2	6	3

Grilles 14

1	3	5	2		6
				5	
3	5	1	4	6	2
4	2	6		3	5
	1	2	3	5	4
	4		6		

Grilles 15

		5		6	4
3	6	4	1	5	2
6	2	1		4	
5			2		6
4	5	2	6	3	
1	3	6			5

Grilles 16

4	5		3	2	6
				4	
5	2	6	4	3	
	4	3	6		2
	1	4	5	6	3
6	3	5	2	1	4

Grilles 17

		4	6		2
1	6	2			3
		3	2	4	6
2	4	6	1	3	5
6	3			2	4
4	2			6	1

Grilles 18

	1	5	6	3	4
	4		2		5
4	5		3		2
3	2	6	5		
	3		4	5	6
5	6	4	1	2	

Grilles 19

4	1		2	3	6
			5	1	4
5	2	1		6	3
	4		1		5
1	5		3	4	2
2		4	6	5	1

Grilles 20

2		6	5		
3		1	6	4	2
	2	4	1	6	3
			2	5	4
4	6	2			5
	3		4	2	6

Grilles 21

	5	4		3	6
		2			1
		6	1	5	2
		5	3		4
	6			2	3
		3	6	1	5

Grilles 22

	4		2	1	6
1		6		5	3
6	5		3	4	2
	3				
4	6	2	1		5
3	1		6		

Grilles 23

	5	4	6		1
6			3	5	
	4	6	5	1	
1	3		4		2
4			2		
	2	3			6

Grilles 24

2	6				4
1		4		6	
5				2	
		6		5	
6	1				2
4	5	2	6	1	3

Grilles 25

4					5
	5	1		4	3
3	2	4	5	1	
5	1		3	2	
1	4	3		5	
	6		4	3	

Grilles 26

3		5	1	4	2
4	1		3	6	
			6	5	4
6		4		3	
5		1	4	2	
2	4	6			

Grilles 27

3	4	5			1
2				3	4
5				1	3
1	3	4	2	5	
4			3	6	
6	2		1		

Grilles 28

3		1	6		
	2		1		4
	3	4		2	
		2	4	6	
2			3		6
4	6	3	2	1	5

Grilles 29

3	6	5		2	4
4		2			5
5			4		
	3		6	5	2
	4		5	1	6
6		1		4	

Grilles 30

2	1	5			3
4	3	6	1		
6		3			1
5	2	1	3	4	6
		4	5		
		2		1	4

Grilles 31

2		5		1	6
1	6	3	4	5	2
		4	6		3
	5	1		3	4
	3	2			5

Grilles 32

	5		6	4	
3		4		2	5
4	3	5	2	6	
	2	6		5	
5	1	2		3	6
6					2

Grilles 33

		4	3	6	
6			5	2	4
	6	2			5
3		5	2	4	6
		3		1	
1		6	4		

Grilles 34

5	6			3	2
	3	2	6		
	4			2	6
		6	1	4	5
2	1	4		6	3

Grilles 35

4		2		6	3
			2		
2	6	4			
	3	5	4	2	
			3		2
5	2	3	6		1

Grilles 36

		5	3		
		3	4	6	5
3	2		5		6
	5	6			
5			1	2	3
	3	2	6		4

Grilles 37

	1	6	4	3	5
4	3	5		1	
		1	6		3
	6				1
6	2	3			4
	5		3		2

Grilles 38

	2	4	6	3	
5	6		4	2	1
	5	2		1	6
3		6	5		
				5	4
2	4	5		6	

Grilles 39

				2	
2	6		1	3	4
3	5		2	4	6
			5	1	
	1	6	3	5	2
		3			1

Grilles 40

1		4		6	5
6				2	4
2	1	3	5	4	6
5		6			1
3	6	1			2
4					3

Grilles 41

3		6	4		
4		2		3	
2		1	5		3
	3	4			6
6			2	5	1
	2	5			4

Grilles 42

1		6	3	4	2
		3	1		
4	2	5			3
			5		4
5			2	6	1
		2			5

Grilles 43

	2	4		1	
	3		6	2	4
3				6	5
			4		1
2	5		1	4	
	1		3	5	2

Grilles 44

		2	3	5	4
	4	3			1
			4		3
3	6	4		1	
1		6		4	5
4	2		1		

Grilles 45

		2		4	6
3	6			5	1
5	4		6	2	
6		3		1	
	1	6		3	4
	3			6	2

Grilles 46

	3	4	1		
		1			3
2	4	3	6		5
		5	3	4	
4	5	6		3	1
3		2	5		4

Grilles 47

5		1	4		6
3		6		5	2
6				1	4
			6		3
4	1			6	
2		5	3		1

Grilles 48

	2	6			
4	3		2	6	5
1		5		3	2
2	4	3		5	6
		4			1
		2			3

Grilles 49

3	2		4		
	1	6	2		3
2		1			5
		3	1	2	
	5	2			1
1		4		6	2

Grilles 50

2	1	5		4	
	4	3		2	5
	6	4		5	3
	5	2			1
4		6			2
		1	6		

Grilles 51

5	1			6	
		2	1	5	3
	4	5	2		
1	2	6		4	
6		4		2	
2			6	3	4

Grilles 52

	1		6		4
4	3	6		2	
1	5				2
6	2	4			
2		1	3		
3	6	5			1

Grilles 53

	6	4		2	3
2		3	1	4	6
	3			6	
	2		3	5	1
	1	5		3	2
	4			1	5

Grilles 54

		3			5
4	6		3	2	1
3	1	2	6	5	4
		4			
		1			6
5			1	4	2

Grilles 55

		3	5	1	
		4		2	3
3				4	6
1	4	6		3	
4	2		3		1
		1	4	5	2

Grilles 56

1		5	6		4
2	4	6	1		3
4	6		5	3	1
5			4		
3			2		6
6		4			

Grilles 57

	4			2	
		1	4		6
2			6	1	3
		3		5	4
		2		6	1
6	1	5	3		2

Grilles 58

	5		2	6	3
3		2			
2			5	3	
				4	
1	4	3		2	
6	2	5	3	1	

Grilles 59

3	4		5	6	2
	5		3		
	3	2	1	5	6
				2	3
5	6	3		1	
		4	6	3	5

Grilles 60

	4		5		2
2			1	3	4
1		4	2		3
		3	6		1
6	3		4		
4	1		3	2	6

Grilles 61

	2			1	
1		4		3	6
	6	3	1	4	
		1	5		3
	3	2	6		1
6	1	5	3	2	

Grilles 62

5		6	3		2
		3	4	5	
		2		3	1
			2		4
1	2	5		4	
6			1	2	

Grilles 63

		4	6	1	2
	2	6	4	5	
4	5	3	1		6
			3	4	5
	6				
		5	2	6	1

Grilles 64

		6		3	5
5		2		6	
2	6	3		1	4
1	5	4			
	4			5	
3	2			4	6

Grilles 65

3	1	4	2	5	6
	2	6	4		1
		2	3		
6			1		2
4			5	2	
		5	6		4

Grilles 66

		5	4	3	6
3		6	2	1	
4		3		2	1
			3		4
	5	2	1	4	3
1			6		

Grilles 67

2		3		6	
1		6	2	3	4
5		1	4	2	6
	2	4	1	5	
			6	4	
	6			1	2

Grilles 68

	2	1	6	3	4
	4	3	2		5
	6		5		3
3				2	
	1			6	
2	3		4	5	

Grilles 69

3	6	5		4	1
4		2	6		
1		6	5	3	
5			1	6	2
6				2	5
		4	3		6

Grilles 70

2					4
5			3	1	
1	2		4		5
		5	6	2	1
		2		4	3
4		1	2		6

Grilles 71

6		3		4	1
5	1	4		6	2
3		2			6
4		1			5
		5			3
2		6	1		4

Grilles 72

3	5			4	6
		1			
5	3	6	2	1	4
2		4	3	6	5
		5	4		3
4					1

Grilles 73

		6			
3	2		4		5
	1	3	5	4	2
2	4	5	1	3	6
	3	2			
5	6			1	

Grilles 74

6		5		1	3
3	1	2		5	6
4			6	3	5
5		6			
	6		5	2	
	5		3		1

Grilles 75

3	6			4	1
	1	2			5
1		3	5	6	
		6			
	3	1		2	
6	2	4		5	3

Grilles 76

			1	6	
	4		2		5
	2	6	5		3
4		5	6	1	2
2	1	4			
5	6	3	4	2	

Grilles 77

	4		6		5
5	6				3
4			2		1
2	5	1	4		
	1			6	2
6	2	5		1	4

Grilles 78

		2	6	5	3
		6	2	1	
6	3	1	4		5
	4	5	3		
5	2	3	1	4	6
	6				

Grilles 79

	5			4	1
	1			5	6
		1	5	3	2
5			6	1	
1		5	4		3
		6	1		

Grilles 80

	4		1	2	6
2		6		4	
	2	4	3	6	5
6	5			1	2
	3		6	5	1
	6				

Grilles 81

			1		4
1	4		2	3	
6		4	5	2	
2	1			4	3
4	5				6
		1	4		

Grilles 82

	5			3	6
6	2	3			5
5		2			3
			4	5	2
4	6	5	3		1
	3		5		

Grilles 83

4		1	3		5
6	5				
5	4				2
1		2		5	6
3	1	5		2	
		4	5	1	

Grilles 84

		2	5	3	
		5	1	6	2
3	2	1	4	5	
5			3	2	
		6	2	4	3
				1	5

Grilles 85

		1		3	
	5		2	6	1
			3	2	5
			4	1	6
3		4	6	5	
6	2		1	4	

Grilles 86

	2		4	5	1
	4	1	2	3	
	3	5			4
2	1	4	5	6	3
1	6				
				1	2

Grilles 87

5		2	6	4	
6	4		2	3	
4					3
	1	6	5		4
1	6		3		
2			4	1	6

Grilles 88

2	1		3		
					1
	6	3	2	4	5
4	5	2	1		
3	4	6			
5		1		3	

Grilles 89

	4	5		6	3
6	3	2			
2			4	5	1
	5			2	
3		6			5
5			6	3	2

Grilles 90

	4			2	3
	3	6	4	5	1
1				4	2
	5			1	6
	2				5
6	1	5		3	4

Grilles 91

		4		2	
	1		4		
1	4	6		3	
		3	1	6	4
2			5	4	3
4	3	5		1	

Grilles 92

5	4		2	3	6
6			4	5	
		6		1	
1	3		5		2
3	6				5
4	1	5	6	2	

Grilles 93

2	4	1		6	
5			1		4
4		3	6	1	
	6	5	3	4	2
		4	2	5	6
	5	2			

Grilles 94

	5	6	2	3	1
3				4	
	6	3			4
	2		1		
6	4			5	2
2	3	5	4	1	6

Grilles 95

2		1	3	4	5
5	3	4			
3	5	2	1		4
4			2	5	
	4	3		2	1
		5	4		

Grilles 96

	3	6		1	5
4	1		2		3
5		2			6
	6	3		2	
	2	4	3	5	1
		1	6		2

Grilles 97

	1				
5		2	1		6
4			2	5	3
3	2			4	
2	3			1	4
	5	4	3	6	2

Grilles 98

		1	3	6	4
		4			
	2	5	1		6
1	3	6	2	4	5
	4	3		2	
6	1	2	4		

Grilles 99

6		2		3	5
5	4		2		
4	6		5	2	3
		5	1	4	6
2		6			
	3	4		5	

Grilles 100

	4		5	2	3
		2	6	1	4
2		3		4	5
	1	4	3	6	
			2	5	
	2		4	3	1

Grilles 101

		5	6		3
	4	6		5	
	1		3		
6	3		4	1	
	6	1		3	4
4	5		1	2	

Grilles 102

		5		6	3
	1				5
3	6		5	1	4
			3	2	
	2			3	1
1		4	6	5	2

Grilles 103

					4
2	3	4	5		1
4	5	6	1		3
3		2		4	5
1			4	5	
6	4	5			

Grilles 104

2	3				4
5			3	2	6
4		2	1		
			4	6	2
	1	4	2	3	5
3	2	5		4	

Grilles 105

3		5			
	4		5	3	2
1	5		6	2	3
2		3	1		5
					6
5		6		1	4

Grilles 106

	1			5	6
	5	3			1
1	2		5	3	4
				1	
5	4			6	3
3			4	2	5

Grilles 107

	5	6			2
	3	1	4		
6	4	2		1	3
		3	6	2	4
	2	4	3	6	5
3			2		

Grilles 108

3			6	2	
	6		1		
1	3	4	5		2
6		5			4
2	5	6		3	
	1	3	2	5	6

Grilles 109

3		6		4	5
	4	5		1	
1		4	5	6	
	5	2			
	2	3	1	5	
5	6	1		2	

Grilles 110

	3	4		2	
6	5	2	4		
	1		5	6	
4		5	2	3	
3	4	6	1		
	2				6

Grilles 111

	3				4
4	2	5		1	3
	1				
6	4			2	
		1	3	4	
	5				

Grilles 112

	6	1			5
	4	5	3		
		6			
			5	6	3
		2		3	
6				5	4

Grilles 113

6				4	1
			2	6	
4		6	1	5	
2	3				5
1	6		4		

Grilles 114

				2	5
3		5		1	6
	5	6	1	4	
		4	5		
		3		5	4
			6		

Grilles 115

	6	5	1		
	1	4			2
1	4			5	
					1
4					5
			6	4	3

Grilles 116

1				4	
	3	6			
5		3	4		2
	4	1	3		
3	1	5	2		
6			5		

Grilles 117

6			3		
5				2	
4	1				3
2		3			4
	4		5	6	1
	6			3	2

Grilles 118

1		2	6		5
		4	2		
2		5	1		3
					2
		1			
3		6		1	4

Grilles 119

3	4	2			1
5	6			2	4
2	3	6		1	
					3
6					
	2	3			

Grilles 120

1			5		2
3	2		4		1
				4	
4		1	3		6
	4		6		
		3	2		4

Grilles 121

4	6			2	
	3				6
3	5			1	
		6		3	
		3	5	4	
		4	1		3

Grilles 122

			1	2	6
2			3	4	
	3			1	
6		2			3
5	4		2	6	
1			5		

Grilles 123

		4	3		5
3			4	6	
		2			1
		3		4	
2			1		4
	4	5			3

Grilles 124

	6		4	3	
1					5
5				4	3
	3	4	1		
4		1		2	6
	2				

Grilles 125

6	3			5	
5			4		
4					3
1	6		2		
	4	6			1
		5	3	6	

Grilles 126

	2			6	
3			5		
	3	6			5
1					3
6			2	5	
	1	5	4		6

Grilles 127

2			5		
	5	1			
3		4		5	6
5	6			1	3
6					
			3	6	

Grilles 128

				5	
3				6	
	3	2	1		
4	6	1	5		
1	2		6		
6		3		1	4

Grilles 129

			4	2	6
	3		2	5	
				3	4
6		3		4	
1		2	3	6	

Grilles 130

	1	2		4	
4		5	2		
					2
2	3	1			4
	5		4		
1			3		5

Grilles 131

1	4	2		3	
		6		2	1
4	6				
2	3		6		
5	2	4			
					4

Grilles 132

		3			
		5	3	4	
4	1		2		5
3				1	4
6	3		1		2
			4	6	

Grilles 133

			2		
1		3			4
5			3		6
	3		4	5	1
			6		
2		6	1	3	

Grilles 134

5	2		4	3	
6			5		
4	5			6	1
1		2		5	
	1	5			
3					

Grilles 135

1	3	4		2	6
2	6		3		
					2
					3
	5	1			4
4		3	1		

Grilles 136

4	3		1		
5				4	
2		4	6	1	
			2	5	
3	4				1
1	6				

Grilles 137

	1			6	
4			1		2
3			2		
1				3	5
		1	5		
5	3	2			1

Grilles 138

1	4	3	5		6
					4
6				3	
	3		1		5
		5		4	3
		4			

Grilles 139

6		1	3		2
2					4
4	6	3		2	
					3
5				3	
		6		1	5

Grilles 140

2					6
	5	4	2		
	6		1	4	
4	1	5			
		3	6		
	4		5	2	

Grilles 141

		6	3		4
2	4		6		5
	6	2		3	
1		5	4	6	
				5	2

Grilles 142

		1		2	4
4					1
5	6				
1				6	5
		4	2		
		5	4	1	

Grilles 143

					2
	6	4	5		3
6	5	3	2	4	
4					
		6		2	4
1			6		

Grilles 144

1	5				
	2		5	1	4
4		2		3	
6				5	
	1	5	3		6

Grilles 145

				3	6
				1	
	2	1	5	4	3
5			6	2	
	1	6	3		2
3				6	

Grilles 146

6	3				
4	1	5	6	3	
			4		5
1		4			3
2			5		
		1		2	

Grilles 147

			6		
	2	6	3		
	1	3		6	5
6	4		1		3
	3			4	6

Grilles 148

3				5	
					5
4	6	5	2		3
6	1	4		3	2
2				4	6

Grilles 149

	6	3			1
				3	5
6					2
			3	6	4
4		6	2	1	
	1	2	5		

Grilles 150

2	4			6	
6	3				
	5			3	
3		6	1		5
4		2			6
				2	

Grilles 151

	5	2	3		
1	3	4			5
	6			3	
3			5		
5			6	4	2

Grilles 152

6	1	4			
				1		6
		3	4	1	5
5		1			3
4			2		
		2	5	6	

Grilles 153

3	5				2
		1			5
6	1	4			
	3			1	
	6		5		
	4	3		2	1

Grilles 154

					1
5		1	2	3	
		5	3	4	
	3			6	5
	5		4	2	6
4				1	

Grilles 155

	1	4	2		5
	6			4	2
1	4	2	3	5	
	3				4
		6	5		3

Grilles 156

4		5			
	6		4		
5	3				6
				5	3
3	1			6	
6	5	4	3		

Grilles 157

2		4			
5	6		4		
		2	5		
				2	3
3	5			4	6
	2	6		5	

Grilles 158

	3	2	5		
	6	1			
				3	2
			6		1
3			1	6	
		5	2	4	3

Grilles 159

1				4	
			2		
5				6	3
		6		1	2
2		1			
3		4		2	6

Grilles 160

6		3		5	
5		4	2		3
				2	1
			6	4	5
	4		5	1	
		6			2

Grilles 161

4	5	3		6	
1			5		
5		6		1	
			3		
	2			4	
	4	1			5

Grilles 162

			2	5	
5	3				
6		5	1	3	
2	1				6
			6	2	
4	2			1	

Grilles 163

		1	4	6	
		5	1		2
2		3			4
5	1				
	3	2			1
1				4	

Grilles 164

5			6		4
3		1			2
		4		3	
4			2	6	1
6				5	3

Grilles 165

	4	3			6
		1	3	2	
4		5			3
	2	6			1
1		2			
		4	6		

Grilles 166

	5			2	
		4			
1	2		3		5
5	4			6	1
	6	2	1	5	
4	1				

Grilles 167

	4				
	3	1	6		
1	2	6			5
			1	6	2
	6		2	1	
	1	2	5		

Grilles 168

5		2	4	1	
4					6
1	3		6	2	
	2				1
	4		3		
		6	1		

Grilles 169

			6		5
		5		4	
	5	1	3		
3		2		5	
	1	6	4	2	
					6

Grilles 170

				3	4
	3		6	2	
1		2	3	5	
	5				2
4	2		1		
	1	3			

Grilles 171

1	5	2	4		3
4		6	1	2	5
		3		4	
6					
5			6		4

Grilles 172

1					
		6		1	5
	2	4	1	3	6
	6	1	5		2
			2		1
		2	3		

Grilles 173

	5			3	
4		3	5		
6	1				
3	4	2			
			3		1
	3	1	6	5	4

Grilles 174

6		1	2		5
2		3	1		4
5		4			
			4		1
			3	1	6
			5	4	

Grilles 175

5	2		1	3	
1	3	4	5	6	
	5		6	2	3
		2			
	4				
		3		4	

Grilles 176

5					
1		6	3		2
2	1			3	
	6	4		1	
		2			3
	3	1		2	4

Grilles 177

1	2		5	6	
3	5		1		
				2	6
6			3		5
			6		
		3	2	5	

Grilles 178

	3		2		5
	2	6			4
	4	5			2
	6				3
2			5		6
				2	

Grilles 179

	2		4		
4					
1	6		3	2	
	5		1		
	1	6	5	4	
	4		2	1	

Grilles 180

	6	4			1
	3	1		6	
6				5	
	1				6
		6		3	5
4			6		

Grilles 181

	3		1	6	4
4		6	5	3	
				1	5
			2		3
5		4			
1		3			6

Grilles 182

5		2		4	
3					
	3			6	2
4		6	1	5	3
		3			6
6				3	4

Grilles 183

	1	5	2		
2		4			
	2		4	6	1
		6		2	3
4	6		3	1	
3					

Grilles 184

		5	4		2
1			5	3	6
6	5	2			
		3		6	
		1	6	2	
			3	5	

Grilles 185

4	3		6	1	
2			4		
				2	4
3		2		6	
	6		2		1
		3	5		

Grilles 186

	3	6	4		5
				3	1
				4	2
4	5		1		
2	6	1		5	
				1	

Grilles 187

2			1	5	
		5		4	
			3		
5			4	6	
1		6		3	4
4	3		5	1	

Grilles 188

	6		5		
				2	6
			3		
6	3	5			4
3	2				1
	4	1	6		2

Grilles 189

	1	4	6	5	
	6		1		2
1	3				
	5				
	2		4		
5	4	3		6	1

Grilles 190

					3
	6		2		
1					6
	3			5	2
3	4				1
	2	1	3	4	

Grilles 191

				1	4
		3		2	
3	1	4			2
5		6			
2			4	3	
		1			6

Grilles 192

	3		1	2	4
	1	2			6
		3			
	4		2		
3		1		4	
	2	4		3	

Grilles 193

4	2				3
		1		5	
	3	4		2	5
	1	2		4	
	4				
	5	3			2

Grilles 194

2	1		5		
			2	1	
				2	
3			4		1
1	3				5
	5	4	1	3	

Grilles 195

		6	3		5
5	3		6		2
	5	1		3	
1	6	2		5	3

Grilles 196

4		1		5	2
	5	2		1	
6		4	5		
	3			6	
		6		3	
1					

Grilles 197

	2	3			6
1	4		3		
3				1	
	5			3	2
2	1		4		
6	3		2		

Grilles 198

5					4
2	1	4		5	
		5		1	2
		2	5		
6		3			
4		1		6	

Grilles 199

5	3		6	2	
4	2	6		3	1
		3	4		
		4	2		
1					
	4			5	

Grilles 200

	2	1	3		5
4	5		6		2
			5		
2			4	5	1
1		5		3	

Réponses

Grilles 1

3	2	1	4	5	6
6	4	5	3	1	2
4	5	3	6	2	1
2	1	6	5	4	3
1	6	4	2	3	5
5	3	2	1	6	4

Grilles 2

6	4	2	5	1	3
1	5	3	4	2	6
5	2	4	3	6	1
3	1	6	2	5	4
2	3	1	6	4	5
4	6	5	1	3	2

Grilles 3

4	5	6	1	2	3
2	1	3	4	5	6
6	4	5	3	1	2
1	3	2	6	4	5
3	2	1	5	6	4
5	6	4	2	3	1

Grilles 4

6	2	4	5	1	3
1	5	3	6	2	4
4	3	2	1	5	6
5	6	1	3	4	2
2	1	6	4	3	5
3	4	5	2	6	1

Grilles 5

4	5	1	6	2	3
6	3	2	1	5	4
5	6	4	3	1	2
1	2	3	4	6	5
3	1	5	2	4	6
2	4	6	5	3	1

Grilles 6

4	1	2	6	3	5
5	6	3	1	2	4
6	2	1	4	5	3
3	5	4	2	1	6
2	4	5	3	6	1
1	3	6	5	4	2

Grilles 7

6	3	4	5	1	2
1	5	2	6	4	3
3	4	1	2	6	5
2	6	5	1	3	4
4	2	6	3	5	1
5	1	3	4	2	6

Grilles 8

5	2	4	1	3	6
6	3	1	2	5	4
1	6	5	4	2	3
3	4	2	6	1	5
2	5	6	3	4	1
4	1	3	5	6	2

Grilles 9

5	1	2	4	6	3
4	6	3	1	5	2
2	4	1	5	3	6
6	3	5	2	1	4
1	2	6	3	4	5
3	5	4	6	2	1

Grilles 10

3	1	2	6	5	4
6	5	4	2	1	3
5	4	1	3	6	2
2	6	3	5	4	1
1	3	5	4	2	6
4	2	6	1	3	5

Grilles 11

5	6	4	2	3	1
1	2	3	4	5	6
3	1	5	6	2	4
2	4	6	3	1	5
6	3	1	5	4	2
4	5	2	1	6	3

Grilles 12

2	3	6	1	4	5
1	4	5	3	2	6
5	2	1	6	3	4
3	6	4	5	1	2
4	5	3	2	6	1
6	1	2	4	5	3

Grilles 13

5	4	2	6	3	1
3	1	6	5	4	2
6	3	5	1	2	4
4	2	1	3	5	6
2	6	3	4	1	5
1	5	4	2	6	3

Grilles 14

1	3	5	2	4	6
2	6	4	5	1	3
3	5	1	4	6	2
4	2	6	1	3	5
6	1	2	3	5	4
5	4	3	6	2	1

Grilles 15

2	1	5	3	6	4
3	6	4	1	5	2
6	2	1	5	4	3
5	4	3	2	1	6
4	5	2	6	3	1
1	3	6	4	2	5

Grilles 16

4	5	1	3	2	6
3	6	2	1	4	5
5	2	6	4	3	1
1	4	3	6	5	2
2	1	4	5	6	3
6	3	5	2	1	4

Grilles 17

3	5	4	6	1	2
1	6	2	4	5	3
5	1	3	2	4	6
2	4	6	1	3	5
6	3	1	5	2	4
4	2	5	3	6	1

Grilles 18

2	1	5	6	3	4
6	4	3	2	1	5
4	5	1	3	6	2
3	2	6	5	4	1
1	3	2	4	5	6
5	6	4	1	2	3

Grilles 19

4	1	5	2	3	6
3	6	2	5	1	4
5	2	1	4	6	3
6	4	3	1	2	5
1	5	6	3	4	2
2	3	4	6	5	1

Grilles 20

2	4	6	5	3	1
3	5	1	6	4	2
5	2	4	1	6	3
6	1	3	2	5	4
4	6	2	3	1	5
1	3	5	4	2	6

Grilles 21

1	5	4	2	3	6
6	3	2	5	4	1
3	4	6	1	5	2
2	1	5	3	6	4
5	6	1	4	2	3
4	2	3	6	1	5

Grilles 22

5	4	3	2	1	6
1	2	6	4	5	3
6	5	1	3	4	2
2	3	4	5	6	1
4	6	2	1	3	5
3	1	5	6	2	4

Grilles 23

3	5	4	6	2	1
6	1	2	3	5	4
2	4	6	5	1	3
1	3	5	4	6	2
4	6	1	2	3	5
5	2	3	1	4	6

Grilles 24

2	6	5	1	3	4
1	3	4	2	6	5
5	4	1	3	2	6
3	2	6	4	5	1
6	1	3	5	4	2
4	5	2	6	1	3

Grilles 25

4	3	2	1	6	5
6	5	1	2	4	3
3	2	4	5	1	6
5	1	6	3	2	4
1	4	3	6	5	2
2	6	5	4	3	1

Grilles 26

3	6	5	1	4	2
4	1	2	3	6	5
1	2	3	6	5	4
6	5	4	2	3	1
5	3	1	4	2	6
2	4	6	5	1	3

Grilles 27

3	4	5	6	2	1
2	1	6	5	3	4
5	6	2	4	1	3
1	3	4	2	5	6
4	5	1	3	6	2
6	2	3	1	4	5

Grilles 28

3	4	1	6	5	2
5	2	6	1	3	4
6	3	4	5	2	1
1	5	2	4	6	3
2	1	5	3	4	6
4	6	3	2	1	5

Grilles 29

3	6	5	1	2	4
4	1	2	3	6	5
5	2	6	4	3	1
1	3	4	6	5	2
2	4	3	5	1	6
6	5	1	2	4	3

Grilles 30

2	1	5	4	6	3
4	3	6	1	2	5
6	4	3	2	5	1
5	2	1	3	4	6
1	6	4	5	3	2
3	5	2	6	1	4

Grilles 31

2	4	5	3	1	6
1	6	3	4	5	2
3	2	6	5	4	1
5	1	4	6	2	3
6	5	1	2	3	4
4	3	2	1	6	5

Grilles 32

2	5	1	6	4	3
3	6	4	1	2	5
4	3	5	2	6	1
1	2	6	3	5	4
5	1	2	4	3	6
6	4	3	5	1	2

Grilles 33

2	5	4	3	6	1
6	3	1	5	2	4
4	6	2	1	3	5
3	1	5	2	4	6
5	4	3	6	1	2
1	2	6	4	5	3

Grilles 34

5	6	1	4	3	2
4	3	2	6	5	1
1	4	5	3	2	6
3	2	6	1	4	5
6	5	3	2	1	4
2	1	4	5	6	3

Grilles 35

4	1	2	5	6	3
3	5	6	2	1	4
2	6	4	1	3	5
1	3	5	4	2	6
6	4	1	3	5	2
5	2	3	6	4	1

Grilles 36

6	4	5	3	1	2
2	1	3	4	6	5
3	2	1	5	4	6
4	5	6	2	3	1
5	6	4	1	2	3
1	3	2	6	5	4

Grilles 37

2	1	6	4	3	5
4	3	5	2	1	6
5	4	1	6	2	3
3	6	2	5	4	1
6	2	3	1	5	4
1	5	4	3	6	2

Grilles 38

1	2	4	6	3	5
5	6	3	4	2	1
4	5	2	3	1	6
3	1	6	5	4	2
6	3	1	2	5	4
2	4	5	1	6	3

Grilles 39

1	3	4	6	2	5
2	6	5	1	3	4
3	5	1	2	4	6
6	4	2	5	1	3
4	1	6	3	5	2
5	2	3	4	6	1

Grilles 40

1	2	4	3	6	5
6	3	5	1	2	4
2	1	3	5	4	6
5	4	6	2	3	1
3	6	1	4	5	2
4	5	2	6	1	3

Grilles 41

3	5	6	4	1	2
4	1	2	6	3	5
2	6	1	5	4	3
5	3	4	1	2	6
6	4	3	2	5	1
1	2	5	3	6	4

Grilles 42

1	5	6	3	4	2
2	4	3	1	5	6
4	2	5	6	1	3
3	6	1	5	2	4
5	3	4	2	6	1
6	1	2	4	3	5

Grilles 43

6	2	4	5	1	3
1	3	5	6	2	4
3	4	1	2	6	5
5	6	2	4	3	1
2	5	3	1	4	6
4	1	6	3	5	2

Grilles 44

6	1	2	3	5	4
5	4	3	6	2	1
2	5	1	4	6	3
3	6	4	5	1	2
1	3	6	2	4	5
4	2	5	1	3	6

Grilles 45

1	5	2	3	4	6
3	6	4	2	5	1
5	4	1	6	2	3
6	2	3	4	1	5
2	1	6	5	3	4
4	3	5	1	6	2

Grilles 46

5	3	4	1	2	6
6	2	1	4	5	3
2	4	3	6	1	5
1	6	5	3	4	2
4	5	6	2	3	1
3	1	2	5	6	4

Grilles 47

5	2	1	4	3	6
3	4	6	1	5	2
6	3	2	5	1	4
1	5	4	6	2	3
4	1	3	2	6	5
2	6	5	3	4	1

Grilles 48

5	2	6	3	1	4
4	3	1	2	6	5
1	6	5	4	3	2
2	4	3	1	5	6
3	5	4	6	2	1
6	1	2	5	4	3

Grilles 49

3	2	5	4	1	6
4	1	6	2	5	3
2	4	1	6	3	5
5	6	3	1	2	4
6	5	2	3	4	1
1	3	4	5	6	2

Grilles 50

2	1	5	3	4	6
6	4	3	1	2	5
1	6	4	2	5	3
3	5	2	4	6	1
4	3	6	5	1	2
5	2	1	6	3	4

Grilles 51

5	1	3	4	6	2
4	6	2	1	5	3
3	4	5	2	1	6
1	2	6	3	4	5
6	3	4	5	2	1
2	5	1	6	3	4

Grilles 52

5	1	2	6	3	4
4	3	6	1	2	5
1	5	3	4	6	2
6	2	4	5	1	3
2	4	1	3	5	6
3	6	5	2	4	1

Grilles 53

1	6	4	5	2	3
2	5	3	1	4	6
5	3	1	2	6	4
4	2	6	3	5	1
6	1	5	4	3	2
3	4	2	6	1	5

Grilles 54

1	2	3	4	6	5
4	6	5	3	2	1
3	1	2	6	5	4
6	5	4	2	1	3
2	4	1	5	3	6
5	3	6	1	4	2

Grilles 55

2	6	3	5	1	4
5	1	4	6	2	3
3	5	2	1	4	6
1	4	6	2	3	5
4	2	5	3	6	1
6	3	1	4	5	2

Grilles 56

1	3	5	6	2	4
2	4	6	1	5	3
4	6	2	5	3	1
5	1	3	4	6	2
3	5	1	2	4	6
6	2	4	3	1	5

Grilles 57

3	4	6	1	2	5
5	2	1	4	3	6
2	5	4	6	1	3
1	6	3	2	5	4
4	3	2	5	6	1
6	1	5	3	4	2

Grilles 58

4	5	1	2	6	3
3	6	2	4	5	1
2	1	4	5	3	6
5	3	6	1	4	2
1	4	3	6	2	5
6	2	5	3	1	4

Grilles 59

3	4	1	5	6	2
2	5	6	3	4	1
4	3	2	1	5	6
6	1	5	4	2	3
5	6	3	2	1	4
1	2	4	6	3	5

Grilles 60

3	4	1	5	6	2
2	5	6	1	3	4
1	6	4	2	5	3
5	2	3	6	4	1
6	3	2	4	1	5
4	1	5	3	2	6

Grilles 61

3	2	6	4	1	5
1	5	4	2	3	6
5	6	3	1	4	2
2	4	1	5	6	3
4	3	2	6	5	1
6	1	5	3	2	4

Grilles 62

5	4	6	3	1	2
2	1	3	4	5	6
4	6	2	5	3	1
3	5	1	2	6	4
1	2	5	6	4	3
6	3	4	1	2	5

Grilles 63

5	3	4	6	1	2
1	2	6	4	5	3
4	5	3	1	2	6
6	1	2	3	4	5
2	6	1	5	3	4
3	4	5	2	6	1

Grilles 64

4	1	6	2	3	5
5	3	2	4	6	1
2	6	3	5	1	4
1	5	4	6	2	3
6	4	1	3	5	2
3	2	5	1	4	6

Grilles 65

3	1	4	2	5	6
5	2	6	4	3	1
1	4	2	3	6	5
6	5	3	1	4	2
4	6	1	5	2	3
2	3	5	6	1	4

Grilles 66

2	1	5	4	3	6
3	4	6	2	1	5
4	6	3	5	2	1
5	2	1	3	6	4
6	5	2	1	4	3
1	3	4	6	5	2

Grilles 67

2	4	3	5	6	1
1	5	6	2	3	4
5	3	1	4	2	6
6	2	4	1	5	3
3	1	2	6	4	5
4	6	5	3	1	2

Grilles 68

5	2	1	6	3	4
6	4	3	2	1	5
1	6	2	5	4	3
3	5	4	1	2	6
4	1	5	3	6	2
2	3	6	4	5	1

Grilles 69

3	6	5	2	4	1
4	1	2	6	5	3
1	2	6	5	3	4
5	4	3	1	6	2
6	3	1	4	2	5
2	5	4	3	1	6

Grilles 70

2	1	3	5	6	4
5	6	4	3	1	2
1	2	6	4	3	5
3	4	5	6	2	1
6	5	2	1	4	3
4	3	1	2	5	6

Grilles 71

6	2	3	5	4	1
5	1	4	3	6	2
3	5	2	4	1	6
4	6	1	2	3	5
1	4	5	6	2	3
2	3	6	1	5	4

Grilles 72

3	5	2	1	4	6
6	4	1	5	3	2
5	3	6	2	1	4
2	1	4	3	6	5
1	6	5	4	2	3
4	2	3	6	5	1

Grilles 73

4	5	6	3	2	1
3	2	1	4	6	5
6	1	3	5	4	2
2	4	5	1	3	6
1	3	2	6	5	4
5	6	4	2	1	3

Grilles 74

6	4	5	2	1	3
3	1	2	4	5	6
4	2	1	6	3	5
5	3	6	1	4	2
1	6	3	5	2	4
2	5	4	3	6	1

Grilles 75

3	6	5	2	4	1
4	1	2	6	3	5
1	4	3	5	6	2
2	5	6	3	1	4
5	3	1	4	2	6
6	2	4	1	5	3

Grilles 76

3	5	2	1	6	4
6	4	1	2	3	5
1	2	6	5	4	3
4	3	5	6	1	2
2	1	4	3	5	6
5	6	3	4	2	1

Grilles 77

1	4	3	6	2	5
5	6	2	1	4	3
4	3	6	2	5	1
2	5	1	4	3	6
3	1	4	5	6	2
6	2	5	3	1	4

Grilles 78

4	1	2	6	5	3
3	5	6	2	1	4
6	3	1	4	2	5
2	4	5	3	6	1
5	2	3	1	4	6
1	6	4	5	3	2

Grilles 79

6	5	3	2	4	1
2	1	4	3	5	6
4	6	1	5	3	2
5	3	2	6	1	4
1	2	5	4	6	3
3	4	6	1	2	5

Grilles 80

3	4	5	1	2	6
2	1	6	5	4	3
1	2	4	3	6	5
6	5	3	4	1	2
4	3	2	6	5	1
5	6	1	2	3	4

Grilles 81

5	2	3	1	6	4
1	4	6	2	3	5
6	3	4	5	2	1
2	1	5	6	4	3
4	5	2	3	1	6
3	6	1	4	5	2

Grilles 82

1	5	4	2	3	6
6	2	3	1	4	5
5	4	2	6	1	3
3	1	6	4	5	2
4	6	5	3	2	1
2	3	1	5	6	4

Grilles 83

4	2	1	3	6	5
6	5	3	2	4	1
5	4	6	1	3	2
1	3	2	4	5	6
3	1	5	6	2	4
2	6	4	5	1	3

Grilles 84

6	1	2	5	3	4
4	3	5	1	6	2
3	2	1	4	5	6
5	6	4	3	2	1
1	5	6	2	4	3
2	4	3	6	1	5

Grilles 85

2	6	1	5	3	4
4	5	3	2	6	1
1	4	6	3	2	5
5	3	2	4	1	6
3	1	4	6	5	2
6	2	5	1	4	3

Grilles 86

3	2	6	4	5	1
5	4	1	2	3	6
6	3	5	1	2	4
2	1	4	5	6	3
1	6	2	3	4	5
4	5	3	6	1	2

Grilles 87

5	3	2	6	4	1
6	4	1	2	3	5
4	2	5	1	6	3
3	1	6	5	2	4
1	6	4	3	5	2
2	5	3	4	1	6

Grilles 88

2	1	4	3	5	6
6	3	5	4	2	1
1	6	3	2	4	5
4	5	2	1	6	3
3	4	6	5	1	2
5	2	1	6	3	4

Grilles 89

1	4	5	2	6	3
6	3	2	5	1	4
2	6	3	4	5	1
4	5	1	3	2	6
3	2	6	1	4	5
5	1	4	6	3	2

Grilles 90

5	4	1	6	2	3
2	3	6	4	5	1
1	6	3	5	4	2
4	5	2	3	1	6
3	2	4	1	6	5
6	1	5	2	3	4

Grilles 91

6	5	4	3	2	1
3	1	2	4	5	6
1	4	6	2	3	5
5	2	3	1	6	4
2	6	1	5	4	3
4	3	5	6	1	2

Grilles 92

5	4	1	2	3	6
6	2	3	4	5	1
2	5	6	3	1	4
1	3	4	5	6	2
3	6	2	1	4	5
4	1	5	6	2	3

Grilles 93

2	4	1	5	6	3
5	3	6	1	2	4
4	2	3	6	1	5
1	6	5	3	4	2
3	1	4	2	5	6
6	5	2	4	3	1

Grilles 94

4	5	6	2	3	1
3	1	2	6	4	5
1	6	3	5	2	4
5	2	4	1	6	3
6	4	1	3	5	2
2	3	5	4	1	6

Grilles 95

2	6	1	3	4	5
5	3	4	6	1	2
3	5	2	1	6	4
4	1	6	2	5	3
6	4	3	5	2	1
1	2	5	4	3	6

Grilles 96

2	3	6	4	1	5
4	1	5	2	6	3
5	4	2	1	3	6
1	6	3	5	2	4
6	2	4	3	5	1
3	5	1	6	4	2

Grilles 97

6	1	3	4	2	5
5	4	2	1	3	6
4	6	1	2	5	3
3	2	5	6	4	1
2	3	6	5	1	4
1	5	4	3	6	2

Grilles 98

2	5	1	3	6	4
3	6	4	5	1	2
4	2	5	1	3	6
1	3	6	2	4	5
5	4	3	6	2	1
6	1	2	4	5	3

Grilles 99

6	1	2	4	3	5
5	4	3	2	6	1
4	6	1	5	2	3
3	2	5	1	4	6
2	5	6	3	1	4
1	3	4	6	5	2

Grilles 100

1	4	6	5	2	3
3	5	2	6	1	4
2	6	3	1	4	5
5	1	4	3	6	2
4	3	1	2	5	6
6	2	5	4	3	1

Grilles 101

1	2	5	6	4	3
3	4	6	2	5	1
5	1	4	3	6	2
6	3	2	4	1	5
2	6	1	5	3	4
4	5	3	1	2	6

Grilles 102

2	4	5	1	6	3
6	1	3	2	4	5
3	6	2	5	1	4
4	5	1	3	2	6
5	2	6	4	3	1
1	3	4	6	5	2

Grilles 103

5	6	1	2	3	4
2	3	4	5	6	1
4	5	6	1	2	3
3	1	2	6	4	5
1	2	3	4	5	6
6	4	5	3	1	2

Grilles 104

2	3	6	5	1	4
5	4	1	3	2	6
4	6	2	1	5	3
1	5	3	4	6	2
6	1	4	2	3	5
3	2	5	6	4	1

Grilles 105

3	2	5	4	6	1
6	4	1	5	3	2
1	5	4	6	2	3
2	6	3	1	4	5
4	1	2	3	5	6
5	3	6	2	1	4

Grilles 106

2	1	4	3	5	6
6	5	3	2	4	1
1	2	6	5	3	4
4	3	5	6	1	2
5	4	2	1	6	3
3	6	1	4	2	5

Grilles 107

4	5	6	1	3	2
2	3	1	4	5	6
6	4	2	5	1	3
5	1	3	6	2	4
1	2	4	3	6	5
3	6	5	2	4	1

Grilles 108

3	4	1	6	2	5
5	6	2	1	4	3
1	3	4	5	6	2
6	2	5	3	1	4
2	5	6	4	3	1
4	1	3	2	5	6

Grilles 109

3	1	6	2	4	5
2	4	5	6	1	3
1	3	4	5	6	2
6	5	2	4	3	1
4	2	3	1	5	6
5	6	1	3	2	4

Grilles 110

1	3	4	6	2	5
6	5	2	4	1	3
2	1	3	5	6	4
4	6	5	2	3	1
3	4	6	1	5	2
5	2	1	3	4	6

Grilles 111

1	3	6	2	5	4
4	2	5	6	1	3
5	1	2	4	3	6
6	4	3	5	2	1
2	6	1	3	4	5
3	5	4	1	6	2

Grilles 112

3	6	1	4	2	5
2	4	5	3	1	6
5	3	6	1	4	2
1	2	4	5	6	3
4	5	2	6	3	1
6	1	3	2	5	4

Grilles 113

6	5	2	3	4	1
3	4	1	5	2	6
5	1	3	2	6	4
4	2	6	1	5	3
2	3	4	6	1	5
1	6	5	4	3	2

Grilles 114

4	6	1	3	2	5
3	2	5	4	1	6
2	5	6	1	4	3
1	3	4	5	6	2
6	1	3	2	5	4
5	4	2	6	3	1

Grilles 115

2	6	5	1	3	4
3	1	4	5	6	2
1	4	2	3	5	6
6	5	3	4	2	1
4	3	6	2	1	5
5	2	1	6	4	3

Grilles 116

1	5	2	6	4	3
4	3	6	1	2	5
5	6	3	4	1	2
2	4	1	3	5	6
3	1	5	2	6	4
6	2	4	5	3	1

Grilles 117

6	2	1	3	4	5
5	3	4	1	2	6
4	1	6	2	5	3
2	5	3	6	1	4
3	4	2	5	6	1
1	6	5	4	3	2

Grilles 118

1	3	2	6	4	5
5	6	4	2	3	1
2	4	5	1	6	3
6	1	3	4	5	2
4	5	1	3	2	6
3	2	6	5	1	4

Grilles 119

3	4	2	6	5	1
5	6	1	3	2	4
2	3	6	4	1	5
4	1	5	2	6	3
6	5	4	1	3	2
1	2	3	5	4	6

Grilles 120

1	6	4	5	3	2
3	2	5	4	6	1
2	3	6	1	4	5
4	5	1	3	2	6
5	4	2	6	1	3
6	1	3	2	5	4

Grilles 121

4	6	5	3	2	1
2	3	1	4	5	6
3	5	2	6	1	4
1	4	6	2	3	5
6	1	3	5	4	2
5	2	4	1	6	3

Grilles 122

3	5	4	1	2	6
2	6	1	3	4	5
4	3	5	6	1	2
6	1	2	4	5	3
5	4	3	2	6	1
1	2	6	5	3	4

Grilles 123

6	2	4	3	1	5
3	5	1	4	6	2
4	6	2	5	3	1
5	1	3	2	4	6
2	3	6	1	5	4
1	4	5	6	2	3

Grilles 124

2	6	5	4	3	1
1	4	3	2	6	5
5	1	2	6	4	3
6	3	4	1	5	2
4	5	1	3	2	6
3	2	6	5	1	4

Grilles 125

6	3	4	1	5	2
5	2	1	4	3	6
4	5	2	6	1	3
1	6	3	2	4	5
3	4	6	5	2	1
2	1	5	3	6	4

Grilles 126

5	2	1	3	6	4
3	6	4	5	1	2
4	3	6	1	2	5
1	5	2	6	4	3
6	4	3	2	5	1
2	1	5	4	3	6

Grilles 127

2	3	6	5	4	1
4	5	1	6	3	2
3	1	4	2	5	6
5	6	2	4	1	3
6	4	3	1	2	5
1	2	5	3	6	4

Grilles 128

2	4	6	3	5	1
3	1	5	4	6	2
5	3	2	1	4	6
4	6	1	5	2	3
1	2	4	6	3	5
6	5	3	2	1	4

Grilles 129

3	1	5	4	2	6
2	6	4	5	1	3
4	3	6	2	5	1
5	2	1	6	3	4
6	5	3	1	4	2
1	4	2	3	6	5

Grilles 130

3	1	2	5	4	6
4	6	5	2	1	3
5	4	6	1	3	2
2	3	1	6	5	4
6	5	3	4	2	1
1	2	4	3	6	5

Grilles 131

1	4	2	5	3	6
3	5	6	4	2	1
4	6	5	3	1	2
2	3	1	6	4	5
5	2	4	1	6	3
6	1	3	2	5	4

Grilles 132

1	4	3	5	2	6
2	6	5	3	4	1
4	1	6	2	3	5
3	5	2	6	1	4
6	3	4	1	5	2
5	2	1	4	6	3

Grilles 133

4	6	5	2	1	3
1	2	3	5	6	4
5	1	4	3	2	6
6	3	2	4	5	1
3	5	1	6	4	2
2	4	6	1	3	5

Grilles 134

5	2	1	4	3	6
6	3	4	5	1	2
4	5	3	2	6	1
1	6	2	3	5	4
2	1	5	6	4	3
3	4	6	1	2	5

Grilles 135

1	3	4	5	2	6
2	6	5	3	4	1
3	1	6	4	5	2
5	4	2	6	1	3
6	5	1	2	3	4
4	2	3	1	6	5

Grilles 136

4	3	6	1	2	5
5	2	1	3	4	6
2	5	4	6	1	3
6	1	3	2	5	4
3	4	2	5	6	1
1	6	5	4	3	2

Grilles 137

2	1	5	3	6	4
4	6	3	1	5	2
3	5	4	2	1	6
1	2	6	4	3	5
6	4	1	5	2	3
5	3	2	6	4	1

Grilles 138

1	4	3	5	2	6
5	2	6	3	1	4
6	5	1	4	3	2
4	3	2	1	6	5
2	1	5	6	4	3
3	6	4	2	5	1

Grilles 139

6	4	1	3	5	2
2	3	5	1	6	4
4	6	3	5	2	1
1	5	2	6	4	3
5	1	4	2	3	6
3	2	6	4	1	5

Grilles 140

2	3	1	4	5	6
6	5	4	2	3	1
3	6	2	1	4	5
4	1	5	3	6	2
5	2	3	6	1	4
1	4	6	5	2	3

Grilles 141

5	1	6	3	2	4
2	4	3	6	1	5
4	6	2	5	3	1
3	5	1	2	4	6
1	2	5	4	6	3
6	3	4	1	5	2

Grilles 142

3	5	1	6	2	4
4	2	6	5	3	1
5	6	3	1	4	2
1	4	2	3	6	5
6	1	4	2	5	3
2	3	5	4	1	6

Grilles 143

3	1	5	4	6	2
2	6	4	5	1	3
6	5	3	2	4	1
4	2	1	3	5	6
5	3	6	1	2	4
1	4	2	6	3	5

Grilles 144

1	5	4	6	2	3
3	2	6	5	1	4
4	6	2	1	3	5
5	3	1	4	6	2
6	4	3	2	5	1
2	1	5	3	4	6

Grilles 145

1	4	5	2	3	6
2	6	3	4	1	5
6	2	1	5	4	3
5	3	4	6	2	1
4	1	6	3	5	2
3	5	2	1	6	4

Grilles 146

6	3	2	1	5	4
4	1	5	6	3	2
3	2	6	4	1	5
1	5	4	2	6	3
2	6	3	5	4	1
5	4	1	3	2	6

Grilles 147

3	5	4	6	1	2
1	2	6	3	5	4
2	1	3	4	6	5
6	4	5	1	2	3
5	3	1	2	4	6
4	6	2	5	3	1

Grilles 148

3	2	1	6	5	4
5	4	6	3	2	1
1	3	2	4	6	5
4	6	5	2	1	3
6	1	4	5	3	2
2	5	3	1	4	6

Grilles 149

5	6	3	4	2	1
2	4	1	6	3	5
6	3	4	1	5	2
1	2	5	3	6	4
4	5	6	2	1	3
3	1	2	5	4	6

Grilles 150

2	4	1	5	6	3
6	3	5	2	1	4
1	5	4	6	3	2
3	2	6	1	4	5
4	1	2	3	5	6
5	6	3	4	2	1

Grilles 151

6	5	2	3	1	4
1	3	4	2	6	5
2	6	5	4	3	1
3	4	1	5	2	6
4	2	6	1	5	3
5	1	3	6	4	2

Grilles 152

6	1	4	3	5	2
3	2	5	1	4	6
2	6	3	4	1	5
5	4	1	6	2	3
4	5	6	2	3	1
1	3	2	5	6	4

Grilles 153

3	5	6	1	4	2
4	2	1	3	6	5
6	1	4	2	5	3
2	3	5	4	1	6
1	6	2	5	3	4
5	4	3	6	2	1

Grilles 154

3	4	2	6	5	1
5	6	1	2	3	4
6	1	5	3	4	2
2	3	4	1	6	5
1	5	3	4	2	6
4	2	6	5	1	3

Grilles 155

2	5	3	4	6	1
6	1	4	2	3	5
3	6	5	1	4	2
1	4	2	3	5	6
5	3	1	6	2	4
4	2	6	5	1	3

Grilles 156

4	2	5	6	3	1
1	6	3	4	2	5
5	3	1	2	4	6
2	4	6	1	5	3
3	1	2	5	6	4
6	5	4	3	1	2

Grilles 157

2	1	4	6	3	5
5	6	3	4	1	2
1	3	2	5	6	4
6	4	5	1	2	3
3	5	1	2	4	6
4	2	6	3	5	1

Grilles 158

4	3	2	5	1	6
5	6	1	3	2	4
1	5	6	4	3	2
2	4	3	6	5	1
3	2	4	1	6	5
6	1	5	2	4	3

Grilles 159

1	2	3	6	4	5
6	4	5	2	3	1
5	1	2	4	6	3
4	3	6	5	1	2
2	6	1	3	5	4
3	5	4	1	2	6

Grilles 160

6	2	3	1	5	4
5	1	4	2	6	3
4	6	5	3	2	1
2	3	1	6	4	5
3	4	2	5	1	6
1	5	6	4	3	2

Grilles 161

4	5	3	2	6	1
1	6	2	5	3	4
5	3	6	4	1	2
2	1	4	3	5	6
6	2	5	1	4	3
3	4	1	6	2	5

Grilles 162

1	6	4	2	5	3
5	3	2	4	6	1
6	4	5	1	3	2
2	1	3	5	4	6
3	5	1	6	2	4
4	2	6	3	1	5

Grilles 163

3	2	1	4	6	5
6	4	5	1	3	2
2	6	3	5	1	4
5	1	4	3	2	6
4	3	2	6	5	1
1	5	6	2	4	3

Grilles 164

5	2	3	6	1	4
1	4	6	3	2	5
3	6	1	5	4	2
2	5	4	1	3	6
4	3	5	2	6	1
6	1	2	4	5	3

Grilles 165

2	4	3	1	5	6
6	5	1	3	2	4
4	1	5	2	6	3
3	2	6	5	4	1
1	6	2	4	3	5
5	3	4	6	1	2

Grilles 166

6	5	1	4	2	3
2	3	4	5	1	6
1	2	6	3	4	5
5	4	3	2	6	1
3	6	2	1	5	4
4	1	5	6	3	2

Grilles 167

6	4	5	3	2	1
2	3	1	6	5	4
1	2	6	4	3	5
4	5	3	1	6	2
5	6	4	2	1	3
3	1	2	5	4	6

Grilles 168

5	6	2	4	1	3
4	1	3	2	5	6
1	3	5	6	2	4
6	2	4	5	3	1
2	4	1	3	6	5
3	5	6	1	4	2

Grilles 169

1	2	4	6	3	5
6	3	5	2	4	1
4	5	1	3	6	2
3	6	2	1	5	4
5	1	6	4	2	3
2	4	3	5	1	6

Grilles 170

2	6	1	5	3	4
5	3	4	6	2	1
1	4	2	3	5	6
3	5	6	4	1	2
4	2	5	1	6	3
6	1	3	2	4	5

Grilles 171

1	5	2	4	6	3
4	3	6	1	2	5
2	1	3	5	4	6
6	4	5	3	1	2
3	6	4	2	5	1
5	2	1	6	3	4

Grilles 172

1	4	5	6	2	3
2	3	6	4	1	5
5	2	4	1	3	6
3	6	1	5	4	2
4	5	3	2	6	1
6	1	2	3	5	4

Grilles 173

1	5	6	4	3	2
4	2	3	5	1	6
6	1	5	2	4	3
3	4	2	1	6	5
5	6	4	3	2	1
2	3	1	6	5	4

Grilles 174

6	4	1	2	3	5
2	5	3	1	6	4
5	1	4	6	2	3
3	6	2	4	5	1
4	2	5	3	1	6
1	3	6	5	4	2

Grilles 175

5	2	6	1	3	4
1	3	4	5	6	2
4	5	1	6	2	3
3	6	2	4	5	1
2	4	5	3	1	6
6	1	3	2	4	5

Grilles 176

5	2	3	6	4	1
1	4	6	3	5	2
2	1	5	4	3	6
3	6	4	2	1	5
4	5	2	1	6	3
6	3	1	5	2	4

Grilles 177

1	2	4	5	6	3
3	5	6	1	4	2
5	3	1	4	2	6
6	4	2	3	1	5
2	1	5	6	3	4
4	6	3	2	5	1

Grilles 178

4	3	1	2	6	5
5	2	6	1	3	4
3	4	5	6	1	2
1	6	2	4	5	3
2	1	3	5	4	6
6	5	4	3	2	1

Grilles 179

6	2	5	4	3	1
4	3	1	6	5	2
1	6	4	3	2	5
3	5	2	1	6	4
2	1	6	5	4	3
5	4	3	2	1	6

Grilles 180

5	6	4	3	2	1
2	3	1	5	6	4
6	4	2	1	5	3
3	1	5	2	4	6
1	2	6	4	3	5
4	5	3	6	1	2

Grilles 181

2	3	5	1	6	4
4	1	6	5	3	2
3	4	2	6	1	5
6	5	1	2	4	3
5	6	4	3	2	1
1	2	3	4	5	6

Grilles 182

5	6	2	3	4	1
3	1	4	6	2	5
1	3	5	4	6	2
4	2	6	1	5	3
2	4	3	5	1	6
6	5	1	2	3	4

Grilles 183

6	1	5	2	3	4
2	3	4	1	5	6
5	2	3	4	6	1
1	4	6	5	2	3
4	6	2	3	1	5
3	5	1	6	4	2

Grilles 184

3	6	5	4	1	2
1	2	4	5	3	6
6	5	2	1	4	3
4	1	3	2	6	5
5	3	1	6	2	4
2	4	6	3	5	1

Grilles 185

4	3	5	6	1	2
2	1	6	4	5	3
6	5	1	3	2	4
3	4	2	1	6	5
5	6	4	2	3	1
1	2	3	5	4	6

Grilles 186

1	3	6	4	2	5
5	2	4	6	3	1
6	1	3	5	4	2
4	5	2	1	6	3
2	6	1	3	5	4
3	4	5	2	1	6

Grilles 187

2	6	4	1	5	3
3	1	5	6	4	2
6	4	1	3	2	5
5	2	3	4	6	1
1	5	6	2	3	4
4	3	2	5	1	6

Grilles 188

1	6	2	5	4	3
4	5	3	1	2	6
2	1	4	3	6	5
6	3	5	2	1	4
3	2	6	4	5	1
5	4	1	6	3	2

Grilles 189

2	1	4	6	5	3
3	6	5	1	4	2
1	3	6	5	2	4
4	5	2	3	1	6
6	2	1	4	3	5
5	4	3	2	6	1

Grilles 190

2	1	4	5	6	3
5	6	3	2	1	4
1	5	2	4	3	6
4	3	6	1	5	2
3	4	5	6	2	1
6	2	1	3	4	5

Grilles 191

6	5	2	3	1	4
1	4	3	6	2	5
3	1	4	5	6	2
5	2	6	1	4	3
2	6	5	4	3	1
4	3	1	2	5	6

Grilles 192

5	3	6	1	2	4
4	1	2	3	5	6
2	6	3	4	1	5
1	4	5	2	6	3
3	5	1	6	4	2
6	2	4	5	3	1

Grilles 193

4	2	5	6	1	3
3	6	1	2	5	4
6	3	4	1	2	5
5	1	2	3	4	6
2	4	6	5	3	1
1	5	3	4	6	2

Grilles 194

2	1	3	5	6	4
4	6	5	2	1	3
5	4	1	3	2	6
3	2	6	4	5	1
1	3	2	6	4	5
6	5	4	1	3	2

Grilles 195

2	1	6	3	4	5
5	3	4	6	1	2
6	5	1	2	3	4
4	2	3	5	6	1
3	4	5	1	2	6
1	6	2	4	5	3

Grilles 196

4	6	1	3	5	2
3	5	2	4	1	6
6	1	4	5	2	3
2	3	5	1	6	4
5	4	6	2	3	1
1	2	3	6	4	5

Grilles 197

5	2	3	1	4	6
1	4	6	3	2	5
3	6	2	5	1	4
4	5	1	6	3	2
2	1	5	4	6	3
6	3	4	2	5	1

Grilles 198

5	3	6	1	2	4
2	1	4	6	5	3
3	6	5	4	1	2
1	4	2	5	3	6
6	5	3	2	4	1
4	2	1	3	6	5

Grilles 199

5	3	1	6	2	4
4	2	6	5	3	1
2	1	3	4	6	5
6	5	4	2	1	3
1	6	5	3	4	2
3	4	2	1	5	6

Grilles 200

6	2	1	3	4	5
4	5	3	6	1	2
3	1	2	5	6	4
5	6	4	1	2	3
2	3	6	4	5	1
1	4	5	2	3	6

Avec Bummer la tortue, tu vas apprendre à jouer au sudoku. Le but du jeu est simple : il s'agit de remplir une grille avec des chiffres allant de 1 à 6, en se basant sur les chiffres déjà présents. Chaque ligne et colonne ne doit contenir un chiffre qu'une seule fois.

Règle du jeu :
A toi de remplir une grille avec des chiffres allant de 1 à 6, en se basant sur les chiffres déjà présents. Chaque ligne et colonne ne Doit contenir un chiffre qu'une seule fois.

Exemple :

Solution :

Le jeu de Sudoku peut être démarré dès le plus jeune âge en effet :
- Pas de connaissances en vocabulaire requise
- Il ne dure pas longtemps
- C'est un jeu gratifiant puisque simple pas de frustration pour l'enfant
- Il permet de faire de la logique de façon ludique
- C'est un exercice de rapidité, de mémoire et de visualisation
- Il a de nombreuses vertus pédagogiques (lecture d'un tableau à deux -dimensions,
- lecture rapide, concentration, attention...)
- Il permet de mettre en pratique de manière intensive, vivante et communicative la
- connaissance et la prononciation des chiffres.

Nous espérons que ce jeu a amusé votre enfants. Si vous souhaitez plus de grilles en cadeau envoyez nous un mail à **lespetitsboutsazure@gmail.com.** Nous nous ferons un plaisir de vous faire parvenir quelques grilles supplémentaires à imprimer. (préciser le niveau de difficulté souhaité)
Si l'activité à plu à votre enfant et qu'il souhaite progresser vous trouverez sous notre nom d'auteur des versions pour progresser

www.ingramcontent.com/pod-product-compliance
Lightning Source LLC
Chambersburg PA
CBHW081432220526
45466CB00008B/2355